Fernando Shintate Galindo
Marcelo C. M. Teixeira Filho

Atributos químicos do solo sob adubação com N e A. brasilense

Fernando Shintate Galindo
Marcelo C. M. Teixeira Filho

Atributos químicos do solo sob adubação com N e A. brasilense

Atributos químicos do solo após o cultivo de trigo sob adubação nitrogenada e inoculação com Azospirillum brasilense

Imprint

Any brand names and product names mentioned in this book are subject to trademark, brand or patent protection and are trademarks or registered trademarks of their respective holders. The use of brand names, product names, common names, trade names, product descriptions etc. even without a particular marking in this work is in no way to be construed to mean that such names may be regarded as unrestricted in respect of trademark and brand protection legislation and could thus be used by anyone.

Cover image: www.ingimage.com

This book is a translation from the original published under ISBN 978-620-2-02243-9.

Publisher:
Sciencia Scripts
is a trademark of
Dodo Books Indian Ocean Ltd. and OmniScriptum S.R.L publishing group

120 High Road, East Finchley, London, N2 9ED, United Kingdom
Str. Armeneasca 28/1, office 1, Chisinau MD-2012, Republic of Moldova, Europe
Printed at: see last page
ISBN: 978-620-7-95450-6

ÍNDICE DE CONTEÚDOS

RESUMO: *Azospirillum brasilense* desempenha um papel importante na fixação biológica de nitrogênio (FBN) em gramíneas. No entanto, são necessários mais estudos para definir a quantidade de N mineral que pode ser aplicada, mantendo simultaneamente a contribuição da FBN e maximizando o rendimento das culturas, e para determinar o impacto dessas práticas na fertilidade do solo. Assim, objetivou-se investigar o efeito da inoculação com *A. brasilense,* em conjunto com diferentes doses e fontes de N em um solo de Cerrado, sobre os atributos químicos do solo após dois anos de produção de trigo irrigado. O experimento foi iniciado em SeMria - MS sob plantio direto em um Oxisol em 2014. O delineamento experimental foi o de blocos casualizados com quatro repetições, e os tratamentos foram dispostos em um arranjo fatorial 2 x 5 x 2 da seguinte forma: duas fontes de N (ureia e Super N - ureia com inibidor da enzima urease NBPT (N - (n-butil tiofosfórico triamida))), cinco doses de N (0, 50, 100, 150 e 200 kg ha^{-1}), e com ou sem inoculação das sementes com *A. brasilense.* O aumento das doses de N não influenciou os atributos químicos do solo. O super N acidificou mais o solo em relação à uréia. A inoculação de *A. brasilense* reduziu o efeito da acidificação do solo no cultivo intensivo de trigo irrigado; no entanto, a extração de base foi maior, resultando em uma menor CEC do solo após o cultivo com inoculação. Portanto, o cultivo de trigo inoculado com *A. brasilense* não foi prejudicial à fertilidade do solo, pois não reduziu a saturação por bases e o teor de matéria orgânica (P, K, Ca, Mg e S).

REVISÃO DA LITERATURA

Fixação biológica do azoto e *Azospirillum brasilense*

As projeções são de que, nos próximos anos, haverá um aumento substancial no uso de fertilizantes no Brasil para atender à intensificação da agricultura e à recuperação de áreas degradadas. O mercado brasileiro de fertilizantes, no entanto, é frágil e fortemente dependente de importações. Torna-se, portanto, fundamental encontrar alternativas para o uso mais eficiente dos fertilizantes e, nesse contexto, alguns microrganismos, como bactérias fixadoras de nitrogênio atmosférico, bactérias promotoras de crescimento vegetal, fungos micorrízicos, entre outros, podem desempenhar um papel relevante e estratégico para garantir altas produtividades a baixo custo e com menor dependência de insumos importados (HUNGRIA, 2011).

As bactérias promotoras de crescimento vegetal (PGPB) correspondem a um grupo de microrganismos favoráveis às plantas devido à capacidade de colonizar a superfície das raízes, rizosfera, filosfera e tecidos internos das plantas (DAVISON, 1988; KLOEPPER; LIFSHITZ; ZABLOTOWICZ, 1989). As PGPB podem estimular o crescimento vegetal de diversas formas, sendo as mais relevantes: capacidade de fixação biológica de nitrogênio (HUERGO et al., 2008); aumento da atividade da redutase do nitrato quando crescem endofiticamente nas plantas (CASSAN et al, 2008); produção de hormônios como auxinas, citocininas, giberelinas, etileno e uma variedade de outras moléculas (PERRIG et al., 2007); solubilização de fosfato (RODRIGUEZ et al., 2004); e por atuar como agente de controle biológico de patógenos (CORREA et al., 2008). Em geral, acredita-se que o PGPB beneficia o crescimento das plantas por uma combinação de todos esses mecanismos (DOBBELAERE; VANDERLEYDEN; OKON, 2003).

O género *Azospirillum* inclui um grupo de PGPB de vida livre que se encontra em quase toda a Terra; há também relatos de que as bactérias deste género podem ser endofíticas facultativas (HUERGO et al., 2008). A espécie *Spirillum lipoferum* foi inicialmente descrita por Beijerinck e, em 1978, foi reclassificada como *Azospirillum*, juntamente com a descrição de duas espécies, *Azospirillum lipoferum* e *Azospirillum brasilense* (HUNGRIA, 2011); Atualmente 14 espécies são descritas no gênero.

O processo de fixação biológica de nitrogênio (FBN) em gramíneas ocorre através de bactérias diazotróficas. Especificamente para o milho, *a Azospirillum brasilense* é uma das bactérias que vem apresentando resultados positivos. Essa bactéria é caracterizada pela forma de bastonetes, que são comumente uniflagelados, Gram-negativos, com movimento vibratório caraterístico e padrão flagelar misto (HALL; KRIEG, 1984).

A FBN é um processo que depende de vários fatores. Para que a bactéria estabeleça uma interação positiva com a planta, é indispensável a utilização de estapas selecionadas de *Azospirillum brasilense* (HUNGRIA, 2011) capazes de competir com os microrganismos presentes no solo. Outro fator a ser levado em consideração é a escolha do genótipo a ser inoculado, pois a relação benéfica de simbiose entre o híbrido e a bactéria é determinada pela qualidade dos exsudatos liberados pelas raízes da planta (NEHL; ALLEM; BROWN, 1996). Esse fenômeno é conhecido como quimiotaxia, onde cada genótipo libera uma quantidade diferente de exsudatos com composição química diferente, que podem ou não ser atrativos e servir como fonte de carbono (malato, piruvato, succinato e frutose) para as bactérias inoculadas (QUADROS, 2009).

Essas bactérias podem atuar no crescimento das plantas através da produção de substâncias promotoras de desenvolvimento (auxinas, giberelinas e citocininas), que proporcionam melhor crescimento radicular (OKON; VANDERLEYDEN, 1997) e consequentemente maior absorção de água e nutrientes (CORREA et al., 2008), resultando em uma planta mais vigorosa e produtiva (BASHAN; HOLGUIN; DE-BASHAN, 2004; HUNGRIA, 2011).

A inoculação com *A. brasilense* pode proporcionar aumento de massa seca, acúmulo de N nas plantas e rendimento de grãos, principalmente se a associação for entre bactérias e genótipos não melhorados e em condições de baixa disponibilidade de N (OKON; VANDERLEYDEN, 1997). Além desses fatores, o estado nutricional da planta, a qualidade do exsudato, a existência de microrganismos competidores e a escolha da estirpe também são fatores que podem influenciar a interação entre a planta de milho e a bactéria, e afetar a eficiência da FBN (QUADROS, 2009).

Vários estudos têm sido realizados para identificar microrganismos que fazem simbiose com gramíneas, como na cultura da soja com a bactéria *Bradyrhizobium japonicum*. No entanto, a bactéria em estudo é a *Azospirillum brasilense,* que possui grande potencial de resposta em associação com a cultura do milho. O interesse pelo uso dessa bactéria promotora de desenvolvimento capaz de contribuir para a nutrição das plantas tem aumentado e tende a aumentar nos próximos anos devido ao alto valor financeiro investido anualmente com fertilizantes e em relação ao que se chama de Agricultura Sustentável (HUNGRIA et al., 2010).

Quanto à sobrevivência desse microrganismo, sabe-se que *A. brasilense* tem baixa capacidade de sobreviver por períodos prolongados de tempo na maioria dos solos. As condições físico-químicas do solo e a ausência da planta hospedeira podem afetar diretamente a população da bactéria (BASHAN; HOLGUIN; DE-BASHAN, 2004). Entretanto, em situações desfavoráveis essas bactérias desenvolvem mecanismos de proteção como a formação de cistos, produção de poli-0-hidroxibutirato e melanina, favorecendo sua sobrevivência (HUNGRIA et al., 2010).

Em estudo desenvolvido por Hungria (2011), foi verificado que a inoculação das sementes com *A. brasilense* juntamente com a aplicação de 24 kg ha^{-1} de N na semeadura e 30 kg ha^{-1} de N em cobertura, no florescimento do milho alcançou produtividades de grãos de 7.000 kg ha^{-1} de milho o que poderia possibilitar a segunda safra anual em algumas regiões. Vale ressaltar que esse resultado expressivo se deve à rotação entre leguminosas, no caso a cultura da soja com gramíneas, justificando a produtividade obtida em função da baixa dose de N aplicada em cobertura. Barros Neto (2008) observou que a inoculação de sementes com *A. brasilense* aumentou a produtividade do milho em 9% (793 kg ha^{-1}), enquanto que, Cavallet et al. (2000) verificaram que o uso de inoculante no milho além de aumentar o comprimento médio das espigas em 17% também proporcionou um aumento significativo na produtividade da cultura. Da mesma forma, Sandini e Novakowiski (2011) verificaram que a inoculação de *A. brasilense* sem aplicação de N de base aumentou a produtividade do milho em 2048 kg ha^{-1} (14,98%). Além do aumento na produtividade do milho, há relatos na literatura sobre a economia de fertilizantes nitrogenados quando a cultura é submetida à inoculação com *A. brasilense*

(SANDINI; NOVAKOWISKI, 2011; CHENG et al., 2011). De acordo com Fancelli (2010), o Brasil tem potencial para gerar economia de 30 a 50 kg ha^{-1} de fertilizantes nitrogenados com a técnica de inoculação com *A. brasilense* em milho na safra e no início da safrinha.

As pesquisas relacionadas à eficiência do uso de inoculantes à base de *A. brasilense* foram negligenciadas por muitos anos devido à inconsistência dos resultados que vinham sendo obtidos, sendo que recentemente voltaram a ser o foco de muitos pesquisadores em função da necessidade do desenvolvimento de uma agricultura mais sustentável. As gramíneas apresentam algumas vantagens quando comparadas às leguminosas. Possuem um sistema radicular fasciculado, tendo vantagens sobre o sistema pivotante das leguminosas para extrair água e nutrientes do solo, o que, juntamente com outros factores fisiológicos, promovem uma maior atividade fotossintética (C4). Por isso, o interesse na fixação biológica em gramíneas é grande. Nem todo o N necessário à cultura do milho é fornecido pela associação com as bactérias, tornando a técnica uma forma de suplementação de N para a cultura. No entanto, essa alternativa pode levar a uma redução no uso de fertilizantes nitrogenados, e essa economia pode ser igual ou maior do que a observada com leguminosas que podem ser autossuficientes em nitrogênio (HUNGRIA, 2011).

Pesquisadores do estado do Paraná testaram e selecionaram estirpes de *Azospirillum* que melhor sobreviveram ao solo, se adaptaram às tecnologias utilizadas no milho e promoveram maior crescimento das plantas. Esses estudos foram promissores para a autorização das cepas de *A. brasilense* AbV4, AbV5, AbV6 e AbV7 na produção de inoculantes comerciais para a cultura do milho pelo

Ministério da Agricultura, Pecuária e Abastecimento (MAPA). Estudos realizados por essas entidades mostraram que há um aumento médio de 24% a 30% no rendimento do milho quando inoculado com *A. brasilense* (HUNGRIA, 2011). Essas bactérias, que se apresentam na forma de bastonetes geralmente uniflagelados, são Gram-negativas e possuem um movimento vibratório caraterístico. *A A. brasilense* possui um padrão flagelar misto, sendo um polar que é sintetizado no crescimento em meio líquido e vários outros laterais que são sintetizados no meio sólido (HUNGRIA, 2011).

As bactérias do gênero *Azospirillum* podem atuar no crescimento das plantas reduzindo o nitrato a amônia, e essa energia pode ser disponibilizada para outros processos vitais do metabolismo, porém, esse processo de fixação biológica também necessita de energia na forma de adenosina-tri-fosfato (ATP) para acontecer (HOFFMANN, 2007).

O método de aplicação do inoculante mais comum é via sementes. Devido à necessidade do tratamento de sementes e a praticidade quando é feito industrialmente, a inoculação via sulco de semeadura tem sido estudada como forma de evitar a toxicidade dos produtos utilizados no tratamento de sementes sobre a bactéria, já que alguns produtos químicos podem desestruturar o Flagelo utilizado por *A. brasilense* em associação com a planta (HUNGRIA, 2011). Além disso, é necessário ter cautela às condições de temperatura, não deixando exposto ao sol e sem aplicação conjunta com alguns agrotóxicos, já que são microrganismos vivos (HUNGRIA et al., 2010).

Nas associações de gramíneas com bactérias fixadoras de N, não há formação de nódulos como ocorre nas leguminosas. O que ocorre é a colonização da superfície e/ou do interior das raízes e do interior da parte aérea da planta. Estas bactérias fixam o azoto atmosférico e posteriormente disponibilizam-no à planta. No entanto, a seleção de estirpes para o fabrico de inoculantes necessita ainda de muita investigação. Atualmente existem pacotes tecnológicos que utilizam variedades de plantas e estirpes bacterianas eficientes, que podem fornecer mais de 50% do N necessário à planta (HUNGRIA, 2011).

Em um estudo com inoculação de *A. brasilense* em milho nas mesmas condições edafoclimáticas do Cerrado, Kappes et al. (2013b) concluíram que a inoculação das sementes proporcionou maiores valores de produção de grãos e componentes de rendimento. Resultado semelhante foi obtido por Portugal et al. (2013), trabalhando com milho fora de época inoculado com *A. brasilense* no Cerrado do Mato Grosso do Sul. Para a cultura do trigo em condições experimentais semelhantes, Rodrigues et al. (2012), trabalhando com *A. brasilense* aplicado via semente e regulador vegetal (Stimulate) e Barbieri et al. (2012), trabalhando com doses de N (0, 30, 60, 90 e 10 kg ha^{-1}) com a fonte ureia juntamente com a inoculação com *A. brasilense* via semente não verificaram resposta da inoculação nas avaliações biométricas e produtividade de grãos do trigo. No entanto, Galindo (2015), estudando a inoculação com *Azospirillum brasilense* associada a doses de N (0, 50, 100, 150 e 200 kg ha^{-1}) e fontes de N (Ureia e Super N) em milho e trigo irrigados em região de Cerrado verificou maior eficiência agronômica das fontes de N e redução na quantidade de N a ser aplicada em cobertura com o uso de *A. brasilense*, justificando mais estudos em condições semelhantes.

A inoculação de sementes de trigo ou milho com *A. brasilense* pode favorecer a FBN, mas tem sido observado um efeito mais pronunciado dessa inoculação no crescimento inicial da planta em relação à FBN, em detrimento do maior desenvolvimento do sistema radicular (ação hormonal) que favorece maior absorção de nutrientes e água. Portanto, são necessários mais experimentos no campo para avaliar os efeitos da inoculação com *Azospirillum brasilense* sobre a nutrição e o desempenho agronômico do milho e do trigo em diferentes condições edafoclimáticas.

Inibidor da urease NBPT (n-(n-butil) tiofosforico triamida)

Várias modificações têm sido feitas nos fertilizantes contendo ureia para reduzir as perdas por volatilização e aumentar a eficiência do uso da ureia. Entre elas estão a adição de produtos acidificantes, a produção de adutos de ureia e a produção de fertilizantes com solubilidade controlada por meio de resinas ou polímeros ou mesmo com cobertura de enxofre elementar (CANTARELLA, MARCELINO, 2006). Há uma série de produtos comerciais com solubilidade controlada comercializados em todo o mundo, mas devido ao alto preço são utilizados em nichos de mercado de culturas de alto valor agregado e não competem com os fertilizantes convencionais.

Segundo Cantarella e Marcelino (2006), com o objetivo de retardar a hidrólise da ureia, compostos com potencial para atuar como inibidores da urease têm sido avaliados, retardando as reações que levam à volatilização do $N\text{-}NH_3$, até que a ureia possa ser incorporada ao solo pela chuva. O inibidor ocupa o local de atividade da urease, inativando a enzima, retardando o início e reduzindo a taxa de volatilização do $N\text{-}NH_3$ por aproximadamente 14 dias. O atraso na hidrólise reduz a concentração de N-NH3 presente na superfície do solo, diminuindo o potencial de volatilização do N-NH3 e permitindo o deslocamento da ureia para horizontes mais profundos do solo (CANTARELLA et al., 2008).

Ao impedir a hidrólise rápida, os inibidores aumentam as hipóteses de a chuva, a rega ou as operações mecânicas incorporarem a ureia no solo. Além disso, há uma redução no pico de alcalinização, permitindo maior tempo para o deslocamento do N-NH_3 para horizontes mais profundos do solo e a redução das perdas gasosas (CANTARELLA e MARCELINO et al., 2008).

Os produtos mais eficazes foram os análogos da ureia, tais como os fosforodiamidatos e os fosforotriamidatos, uma vez que demonstraram uma forte ação inibidora em concentrações muito baixas. Entre os produtos desta família, o PPD (fosforodiamidato de fenilo) e, principalmente, o NBPT (WATSON et al., 2000) foram os mais bem sucedidos. O NBPT não é um inibidor direto da urease. Tem de ser convertido no seu análogo oxigenado (fosfato de N-n-butiltriamida) - NBPTO - que é o verdadeiro inibidor. A conversão do NBPT em NBPTO é rápida em solos bem ventilados (minutos ou horas), mas pode demorar vários dias em condições de solo inundado (WATSON, 2000).

Resultados obtidos em condições controladas de laboratório indicam uma redução da atividade da urease com o aumento da concentração de NBPT aplicado com ureia (CANTARELLA, 2007; CANTARELLA et al., 2008).

No Canadá, foi efectuado um estudo com a adição de diferentes concentrações de NBPT (0, 500, 1000 e 1500 mg NBPT kg^{-1} ureia) na ureia aplicada à superfície (100 kg ha^{-1}) para avaliar as possíveis reduções na taxa de volatilização de NH_3 . As avaliações foram feitas por meio de câmaras de volatilização nos primeiros 12 dias após a aplicação da ureia e as perdas de NH3 variaram entre 28 e 88%, dependendo dos tratamentos. Verificou-se que a ureia tratada com NBPT (500 mg kg^{-1}) foi eficiente para reduzir a volatilização de NH3, podendo contribuir para reduzir a necessidade de outra aplicação de N (RAWLUK; GRANT; RACZ, 2001).

Há dúvidas sobre a estabilidade do NBPT após sua aplicação à uréia, pois o inibidor tende a perder eficiência com o tempo de armazenamento. A adição de materiais orgânicos à uréia para a produção de fertilizantes organominerais tratados com o inibidor diminuiu a vida útil do NBPT (GIOACCHINI et al., 2000). Esses autores mostraram que o efeito inibitório do NBPT aplicado à uréia e à uréia misturada com turfa tende a diminuir com o aumento do tempo e da temperatura de armazenamento, e em todas as situações a presença do fertilizante organomineral tornou o NBPT menos eficiente.

Uma vez aplicado ao solo, o NBPT tende a ser menos eficiente em temperaturas mais elevadas, onde há maior atividade da urease, maior dissolução dos grânulos e maior evaporação da solução do solo, o que faz com que a ureia e o NH3 se desloquem para a superfície (RAWLUK; GRANT; RACZ, 2001). Nessas condições, são necessárias maiores concentrações de NBPT para atingir os mesmos índices de inibição que seriam alcançados em temperaturas mais baixas (CANTARELLA et al., 2008). A uréia hidrolisa-se rapidamente e torna-se suscetível a maiores perdas por volatilização de NH3 na primeira semana após sua aplicação; desta forma, é justamente neste período que a atuação do NBPT é mais evidente, retardando a hidrólise e consequentemente mantendo baixo o índice de volatilização

(RAWLUK; GRANT; RACZ, 2001). Segundo Cantarella e Marcelino (2008), a NBPT é mais eficiente em solos com alto valor de pH e baixo teor de matéria orgânica, pois estes estão sujeitos a maiores perdas por volatilização de NH3. Watson et al. (2000) observaram que, nesse tipo de solo, a redução de NH_3 volatilizado em função do tratamento da ureia com NBPT foi maior do que em solos mais ácidos.

Edmeades (2004), estudando a aplicação de NBPT em cobertura na pastagem, encontrou efeitos benéficos na redução da lixiviação e volatilização em 53 e 69%, respetivamente, além de um aumento na produtividade em função do aumento na resposta de N pela pastagem em 69%.

Scivittaro et al. (2010), com estudo de campo, cultivando arroz irrigado, verificaram que a aplicação de ureia tratada com NBPT no período de 10 dias antes da entrada de água, proporcionou o maior acúmulo de N na parte aérea da planta, sendo de 153,7 kg ha^{-1} em relação a 132,0 kg ha^{-1} pela ureia. Essa maior concentração refletiu na produtividade da cultura, sendo que o tratamento submetido à uréia tratada com NBPT produziu 700 kg ha^{-1} grãos a mais que a uréia.

Gioacchini et al. (2002) relataram que o NBPT foi capaz de reduzir significativamente as perdas por volatilização em solos arenosos e arenosos em 89 e 47%, respetivamente. No entanto, o inibidor não foi capaz de aumentar o teor de N na planta e no grão.

Em um estudo com cana-de-açúcar colhida sem despalha, Barth et al. (2006) observaram perdas de NH_3 de cerca de 24% do N aplicado com ureia e 10% do N aplicado com ureia tratada com NBPT, uma redução de perdas de mais de 50% com o uso do inibidor. Resultado semelhante foi relatado por Cantarella et al. (2008), que verificaram uma volatilização de 25% com o uso da ureia e 15% com o inibidor. Esses resultados indicam que a adição de NBPT é capaz de reduzir as perdas de N, proporcionando aumentos na produtividade das culturas.

Deve-se considerar também a possibilidade de fitotoxicidade associada ao uso do NBPT (WATSON, 2000), pois esta é causada pela absorção da uréia pelas plantas, o que provoca queima na ponta das folhas. Não se sabe se esta é uma consequência direta da toxicidade da ureia ou um efeito indireto, no entanto, é transitória e ocorre em situações em que são utilizadas doses elevadas de ureia e inibidores.

De acordo com Okumura e Mariano (2012), os estudos desenvolvidos no Brasil e em outros países mostram que o NBPT não é capaz de controlar completamente as perdas de NH_3 , porém, o inibidor minimiza as perdas decorrentes da aplicação em cobertura da ureia, onde o ganho econômico potencial utilizando ureia tratada com NBPT é maior quando o risco de perda de amônia é alto e a cultura responde ao N conservado no solo pelo inibidor.

Nutrição e fertilização azotada da cultura do milho

Inúmeros experimentos conduzidos no país, nas mais diversas condições de solo, clima e sistemas de cultivo, apresentaram resposta positiva à adubação nitrogenada em milho (COELHO et al., 1991; CAIRES; MILLA, 2016; GALINDO et al., 2016). As recomendações atuais para adubação nitrogenada em cobertura são baseadas em curvas de resposta, histórico da área e produtividade esperada.

A adubação nitrogenada influencia positivamente o rendimento de grãos da cultura do milho, além de aumentar o índice de área foliar, a massa de 1.000 grãos, a altura da planta, o rendimento de biomassa e o índice de colheita (BULL, 1993). Os fatores que contribuem para o aumento da produtividade, com doses crescentes de N, são o aumento do número de espigas e o aumento do peso das espigas (DURIEX et al., 1993).

Recomenda-se a aplicação de 35 a 50 kg ha^{-1} de N na semeadura do milho, enquanto em cobertura sugere-se aplicar a quantidade restante do nutriente calculada a partir da análise de solo e da expetativa de produtividade. Essa aplicação deve ocorrer entre os estádios de quatro folhas completamente expandidas (V4) e oito folhas completamente expandidas (V8). Entretanto, a textura do solo, a disponibilidade de água e a dose de N são indicadores da adubação nitrogenada (FANCELLI, 2010).

No estádio V4 da cultura do milho, o número de óvulos e ovários na espiga (RITCHIE et al., 2003) é definido como necessitando de pelo menos 25 kg ha^{-1} de N. Além disso, entre V4 e V12 (doze folhas expandidas), ocorre a definição do número de fileiras e do tamanho da espiga, que são componentes do rendimento de grãos do milho (VITTI et al., 2001). Portanto, é fundamental que o N esteja disponível para esses estádios, sendo que é entre 40 e 60 dias após a emergência que ocorre a absorção mais intensa do nutriente (CANTARELLA, 1993), correspondendo a mais de 50% do total requerido pela planta de milho (SOUZA e LOBATO, 2004).

No estabelecimento dos grãos, a formação inicial e a taxa de enchimento são determinadas pela atividade metabólica tanto da folha (fonte de fotoassimilados) quanto do grão (dreno de fotoassimilados), onde o N desempenha papel fundamental na manutenção do metabolismo dos carboidratos (FALEIROS et al., 1996). A assimilação do N está intimamente relacionada com as reações da fotossíntese e do metabolismo dos carboidratos, tanto pela necessidade de energia para reduzir o nitrato a amônia, quanto pelo fornecimento de cadeias carbônicas necessárias para a incorporação da amônia na formação de aminoácidos (BREDEMEIER, MUNDSTOCK, 2000). O N é importante em diversos processos essenciais à vida vegetal, como constituinte da molécula de clorofila, aminoácidos, bases nitrogenadas, coenzimas, enzimas e ácidos nucléicos (TAIZ e ZEIGER, 2004).

Nesse sentido, o N é o nutriente demandado pela cultura em maior quantidade, variando as recomendações da adubação nitrogenada em cobertura para altas produtividades de 50 a 90 kg ha^{-1} de N e, para cultivo irrigado, de 120 a 150 kg ha^{-1} (SOUZA et al., 2001). Silva et al. (2012) verificaram aumento no rendimento de grãos de até 10.759 kg ha^{-1} na dose de 110 kg ha^{-1} de N, independentemente da aplicação de ureia convencional ou revestida com polímero no estádio V3 (com três folhas verdadeiras). Por sua vez, Queiroz et al. (2011), trabalhando com doses de N na forma de ureia convencional e revestida com polímero, verificaram aumento linear do rendimento de grãos (máximo de 7.914 kg ha^{-1}) até a aplicação de 160 kg ha^{-1} de N, no estádio V5 (com cinco folhas verdadeiras). Civardi et al. (2005) concluíram que a aplicação de N no estádio V5 na dose de 120 kg ha^{-1} com ureia convencional resultou em maior rendimento de grãos de milho, mas Galindo et al. (2016) verificaram resposta positiva à adubação nitrogenada até a dose de 200 kg ha^{-1} de N aplicada nos estádios V6 e Caires; Milla (2016) obtiveram a máxima eficiência técnica e econômica com a aplicação de 209 kg ha^{-1} de N no estádio V4.

Nutrição e fertilização azotada da cultura do trigo

Na safra de 2015, a área brasileira cultivada com trigo foi de 2,5 milhões de hectares, com uma produção de 6,7 milhões de toneladas e uma produtividade de 2,7 t ha^{-1} . O Brasil teve um consumo aproximado de 11 milhões de toneladas do grão, portanto teve que importar aproximadamente 39,5% do total consumido, tornando o Brasil dependente de países como Argentina, Canadá e EUA, pagando preços mais altos que o produto nacional. Embora a região Sul seja responsável por cerca de 90% da produção nacional, o cereal vem sendo introduzido gradativamente na região do Cerrado, sob irrigação ou sequeiro (CONAB, 2015). A região do Cerrado do Brasil Central tem grande potencial para a expansão da cultura do trigo, pois oferece excelentes condições de clima e solo, posição estratégica de mercado e capacidade de industrialização, além de poder ser colhido na entressafra da produção dos estados do Sul e da Argentina e com características de qualidade industrial superiores para panificação.

A disponibilidade de N em quantidades adequadas para a planta é o principal determinante do potencial de rendimento da cultura do trigo (DE BONA et al., 2016). O N tem papel fundamental por ser o nutriente encontrado em maiores concentrações nos tecidos vegetativos e nos grãos, o que o caracteriza como sendo o elemento mais exigido pela planta de trigo. O N está envolvido na síntese de proteínas, clorofila, coenzimas, fitohormônios, ácidos nucleicos e metabólitos secundários (MARSCHNER, 2012). Plantas com deficiência de N apresentam baixo crescimento, clorose (amarelecimento ou branqueamento) das folhas velhas e redução no rendimento de grãos.

A produção final da cultura é definida de acordo com a cultivar utilizada, a quantidade de insumos e as técnicas de manejo empregadas. A crescente utilização de cultivares com alto potencial produtivo tem implicado no uso mais freqüente de insumos, dentre os quais a adubação nitrogenada é importante na definição da produtividade (ZAGONEL et al., 2002). Portanto, enfatiza-se que o N é o nutriente mais limitante na produtividade do trigo, pois determina o número de perfilhos ou perfilhos, sendo essencial na fase de formação dos nós no início do alongamento. O fornecimento de N na cultura do trigo é de grande importância nos períodos em que o potencial de produção está a ser estabelecido. Os componentes de produção como o número de espigas por área e o número de espiguetas por espiga são fortemente influenciados pela variação do momento em que o N é fornecido. No período entre a fase inicial e o início da diferenciação do primórdio floral, a falta de N reduz a formação de espiguetas (FRANK; BAUER, 1996).

Na cultura do trigo irrigado, na região Centro-Oeste, a maior parte do custo de produção do trigo é com a compra de fertilizantes, com destaque para os fertilizantes nitrogenados (CANOVAS; SILVA, 2000). Para o trigo irrigado, que apresenta maior potencial de rendimento de grãos, são sugeridas maiores doses de N. No entanto, algumas cultivares são suscetíveis ao acamamento de plantas, o que pode levar a reduções no rendimento e na qualidade dos grãos (SILVA et al., 1996). É importante ressaltar que a aplicação de N ao solo na cultura do trigo é certamente uma das práticas de manejo da cultura mais seguras em relação ao retorno econômico (DE BONA et al., 2016).

Segundo De Bona et al. (2016), a quantidade de N a ser aplicada na cultura do trigo varia, em geral, de 60 a 120 kg ha^{-1} de N. A dose recomendada varia de acordo com o teor de matéria orgânica da (Características da cultura, radiação solar, época de semeadura, água, nutrientes, etc.), a região climática e a expetativa de rendimento de grãos, que é definida pela interação de diversos fatores de produção Insetos-praga, doenças, plantas invasoras, etc.). Em termos práticos, aplica-se de 15 a 20 kg ha^{-1} de N na semeadura (sulco de plantio), a fim de proporcionar um crescimento inicial com vigor adequado. Quantidades excessivas de N não são recomendadas na semeadura, pois a planta na fase inicial de crescimento, logo após a emergência, apresenta baixa capacidade de absorção e reduzida capacidade fotossintética, o que implica em perdas de N por lixiviação para o ambiente, principalmente em climas com inverno chuvoso, como os predominantes no Sul do Brasil. O restante do N deve ser aplicado em cobertura, nos estádios de perfilhamento e alongamento do caule da cultura.

Geralmente, não há razão para aplicar doses de N inferiores a 30 kg ha^{-1} em cobertura. O perfilhamento ocorre durante um intervalo de cerca de 30 dias após a emergência do trigo, que coincide com o período entre a emissão da 4ª à 8ª folha do caule principal. A partir desta fase, inicia-se o alongamento do caule, quando se manifesta a primeira formação. A disponibilidade de N no início do pendoamento (4ª folha) define o número de espiguetas por espiga e, na fase final (7ª folha), determina o número de perfilhos que formarão espiguetas férteis, ou seja, a quantidade final de espiguetas por unidade de área. Em geral, a aplicação alternativa de N em cobertura após a fase de descascamento não aumenta o rendimento de grãos, mas pode aumentar a concentração de N e proteínas nos grãos, o que pode melhorar a qualidade tecnológica da farinha, embora esse parâmetro seja dependente de outros fatores (DE BONA et al., 2016).

Frizzone et al. (1996), trabalhando com trigo irrigado em um oxisol no

Cerrado, encontraram resposta positiva à adubação nitrogenada em cobertura, mas ressaltaram que essa resposta depende da quantidade de água fornecida pela irrigação. Teixeira Filho et al. (2007), estudando a resposta de quatro cultivares de trigo irrigado na região do Cerrado a diferentes doses de N (0, 30, 60, 90 e 120 kg ha^{-1}) aplicadas na forma de ureia em cobertura, verificaram que as doses de N influenciaram significativamente e de forma quadrática até a dose de 70 kg ha^{-1} a produtividade de grãos, a massa de 100 grãos, o teor de N foliar, o número de espigas por metro e o comprimento de espigas. Galindo (2015), trabalhando com doses de N (0, 50, 100, 150 e 200 kg ha^{-1}) aplicadas em uma cultura de cobertura irrigada por pivô central na região do Cerrado, obteve produtividade máxima na dose próxima a 150 kg ha^{-1}.

Introdução

Na safra de 2015, a área brasileira cultivada com trigo foi de 2,5 milhões de hectares, com produção de 6,65 milhões de toneladas e produtividade de 2,68 t ha^{-1}. A região Sul foi responsável por aproximadamente 90% da produção nacional (CONAB, 2015). No entanto, o trigo vem sendo introduzido gradativamente na região do Cerrado, que apresenta grande potencial de crescimento para o trigo devido à sua posição estratégica, capacidade de produção e condições climáticas, que permitem a colheita do trigo na entressafra. Entretanto, muitos solos cultivados com trigo no Cerrado e no Estado de São Paulo são ácidos e de baixa fertilidade, o que limita o rendimento de grãos.

A adubação nitrogenada adequada é de difícil manejo; alcançar altas produtividades em culturas de cereais, como o trigo, requer grandes quantidades de fertilizantes (TEIXEIRA FILHO et al., 2014) e o manejo adequado da fertilidade do solo.

O azoto determina o número de perfilhos do trigo e é essencial na fase de formação dos nós e no início do alongamento. Por conseguinte, o azoto é o nutriente limitante do rendimento do trigo. As plantas utilizam apenas cerca de 50% do fertilizante azotado aplicado, sendo metade da aplicação perdida por volatilização, lixiviação e desnitrificação. Neste contexto, existe a possibilidade de aumentar a eficiência da fertilização azotada com a utilização do inibidor NBPT (N- (n-butil) tiofosfórico triamida), que actua inibindo a hidrólise da ureia e reduzindo significativamente a perda de NH_3, ambas dependentes das condições climáticas.

Dentre os produtos testados como inibidores de urease, o NBPT apresentou os melhores resultados. No entanto, a maioria dos estudos realizados no Brasil tem mostrado que tratamentos combinados com ureia e inibidores de urease e tratamentos com apenas ureia convencional têm a mesma eficiência nutricional e produzem rendimentos de trigo semelhantes (TEIXEIRA FILHO et al., 2011). Essa constatação não foi observada em alguns estudos realizados em países de clima temperado (CANTARELLA, 2008) provavelmente porque a ação inibidora da urease não é efetiva na redução das perdas de NH3 por volatilização que ocorrem quando a ureia é aplicada na superfície dos solos e porque a ação do NBPT depende das condições ambientais (temperatura e precipitação pluvial) e das características físico-químicas do solo.

Devido à grande área ocupada pelas culturas de cereais, a FBN é extremamente importante, mesmo que apenas parte da demanda de N possa ser suprida. Portanto, devido ao alto custo dos fertilizantes e à crescente conscientização sobre a agricultura sustentável, o uso de inoculantes contendo bactérias que promovem o crescimento e a produtividade das plantas pode ser uma alternativa (HUNGRIA, 2011).

Na literatura, há estudos que confirmam que *Azospirillum brasilense* produz fitohormônios que estimulam o crescimento de raízes em diversas espécies vegetais (TIEN et al, 1979) e, consequentemente, melhoram a nutrição de gramíneas em culturas como o milho (GALINDO et al, 2016.). No entanto, na maioria dos estudos com inoculação de sementes que mostram um ou mais benefícios devido à inoculação, a fertilidade do solo geralmente não é pesquisada, e esse entendimento é relevante para as culturas subsequentes. Além disso, estudos para definir como o N mineral de fontes convencionais pode ser aplicado com maior eficiência para obter sucesso na FBN e alcançar altas produtividades, bem como estudos para analisar os efeitos dessas combinações nos atributos químicos do solo têm sido realizados.

Considerando as informações acima, este trabalho teve como objetivo avaliar o efeito da inoculação com *A. brasilense,* em conjunto com diferentes doses e fontes de nitrogênio, sobre atributos químicos do solo na produção de trigo irrigado na região do Cerrado.

Material e métodos

O experimento foi conduzido em uma área pertencente à Faculdade de Engenharia - UNESP, localizada no município de Selviria - MS, com altitude de 335 m. O solo do local do experimento foi classificado como um Oxisol (Latossolo Vermelho Distroférrico) de textura argilosa segundo a Embrapa (2013). O local foi cultivado com culturas anuais por mais de 27 anos. Nos últimos 10 anos, foi utilizado o sistema de plantio direto, e a cultura anterior ao trigo foi o milho, que foi cultivado em 2014. Além disso, esta área foi cultivada apenas com gramíneas durante seis anos. A temperatura média anual foi de 23,5 °C, e a precipitação pluvial média anual foi de 1370 mm, com uma humidade relativa do ar média anual entre 70 e 80%. A Figura 1 mostra as condições climáticas ao longo da experiência.

Figura 1 - Precipitação pluviométrica, umidade relativa do ar e temperatura máxima, média e mínima obtidas na estação meteorológica localizada na Fazenda de Ensino e Pesquisa da FE/UNESP durante o cultivo do trigo no período de maio a setembro de 2014 (A).

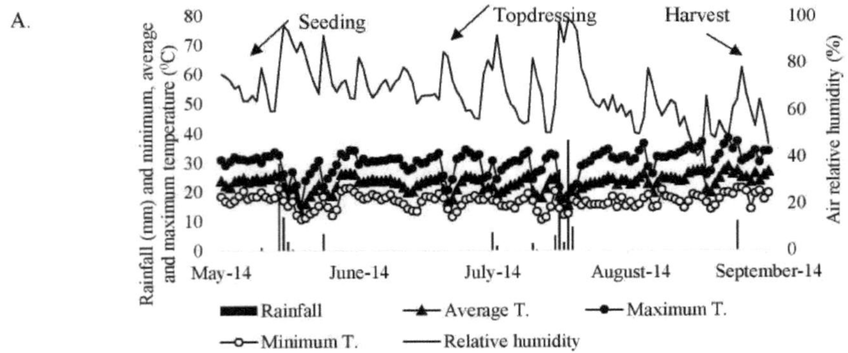

O delineamento experimental foi o de blocos casualizados, com quatro repetições, e os tratamentos foram dispostos em um arranjo fatorial 2 x 5 x 2, da seguinte forma: duas fontes de N (ureia e Super N - ureia com inibidor da enzima urease NBPT (N - (n-butil tiofosfórico triamida))), cinco taxas de N (0, 50, 100, 150 e 200 kg ha^{-1}), e com ou sem inoculação das sementes com *A. brasilense*.

As parcelas experimentais tinham 6 m de comprimento com 12 linhas de trigo com um espaçamento de 0,17 m entre linhas. As oito fileiras centrais eram fileiras de dados e excluíam todas as fileiras a 0,5 m das extremidades. No campo, os herbicidas glifosato (1800 g de ingrediente ativo (ai) ha^{-1}) e 2,4-D (670 g ai ha^{-1}) foram aplicados para dessecação duas semanas antes de ambas as plantações de trigo. Os métodos propostos por Raij et al. (2001) apresentaram os seguintes resultados: 13 mg dm^{-3} de P (resina), 6 mg dm^{-3} de S-SO$_4$, 23 g dm^{-3} de matéria orgânica (OM), pH(CaCl2) de 4,8, 2,6 mmolc dm^{-3} de K+, 13,0 mmolc dm^{-3} de Ca^2 +, 8,0 mmol$_c$ dm^{-3} de Mg^2 +, 42.0 mmol$_c$ dm^{-3} de H +Al, 5,9 mg dm^{-3} de Cu, 30,0 mg dm^{-3} de Fe, 93,9 mg dm^{-3} de Mn, 1,0 mg dm^{-3} de Zn (DTPA), 0,24 mg dm^{-3} de B (água quente) e 36% de saturação de bases.

Após a análise química do solo, 2,5 t ha^{-1} de calcário dolomítico (com 88% de poder relativo de neutralização total) foram aplicados diretamente como cobertura 65 dias antes da semeadura do trigo em 2014, a fim de elevar a saturação por bases a 70%, conforme recomendado por Cantarella et al. (1997). Durante a semeadura, um fertilizante de formulação 8-28-16 foi aplicado a 350 kg ha^{-1} em ambas as plantações de trigo com base na análise do solo e na demanda do trigo.

A inoculação das sementes de trigo com as estirpes de bactérias *A. brasilense* AbV5 e AbV6 (garantidas 2 x 10^8 UFC ml^{-1}) foi efectuada utilizando uma dose de 300 ml de inoculante líquido por hectare de sementes de trigo com a ajuda de uma betoneira limpa. O inoculante foi misturado com as sementes uma hora antes da sementeira, à sombra e depois de as sementes terem sido tratadas com um inseticida.

Os experimentos foram conduzidos em sistema de plantio direto em uma área irrigada por um sistema de aspersão por pivô central. A cobertura de água foi de 14 mm durante um período de aproximadamente 72 h, conforme necessário.

A cultivar de trigo utilizada foi a cultivar CD 116, com semeadura mecânica ocorrida no dia 16/05/14, e emergência de plântulas seis e cinco dias após a semeadura, nos dias 22/05/2014. O trigo foi semeado com 80 sementes por metro. As sementes foram tratadas com os fungicidas carbendazim + thiram (45 + 105 g a.i. por 100 kg de semente) e inseticidas tiodicarbe + imidaclopride (45 + 135 g a.i. por 100 kg de semente).

Para o manejo de plantas daninhas, foi realizada uma aplicação de metsulfuron methyl (3,0 g ha^{-1} a.i.) aos 20 dias após a emergência das plantas (DAE) para ambas as culturas. A adubação nitrogenada de cobertura foi realizada no dia 26/06/2014, aos 35 DAE, através da distribuição manual do fertilizante na superfície do solo (sem incorporação). O fertilizante foi aplicado lateralmente e a cerca de 8 cm das linhas, de forma a evitar o contacto das plantas com o fertilizante. Em seguida, a área adubada foi irrigada por aspersão (14 mm de lâmina d'água) à noite para minimizar as perdas de N por volatilização do NH_3 , comum na cultura do trigo irrigado. A colheita foi realizada manualmente no dia 09/09/2014 aos 110 DAE.

As avaliações da fertilidade do solo foram efectuadas logo após a colheita da cultura. Amostras de solo foram coletadas de uma camada de solo de 0-0,20 m de profundidade com um trado de solo, com cinco subamostras por parcela. Nas avaliações da fertilidade do solo foram determinados: os teores de P, K, Ca, Mg, S e matéria orgânica (MO), pH em CaCh, acidez potencial (H + Al), soma de bases (BS), capacidade de troca catiônica (CTC), saturação por bases (V%) e porcentagem da CTC ocupada por Ca e Mg, conforme metodologia de Raij et al. (2001).

Os resultados foram submetidos à análise de variância e ao teste de Tukey ($p <$ 0,05) para comparações múltiplas das médias das fontes de N e da inoculação com ou sem *A. brasilense*. Quando o valor do teste F foi significativo para as doses de N, foram realizadas análises de regressão utilizando o software estatístico SISVAR (FERREIRA, 2011).

Resultados e discussão

Os valores do teste F dos atributos químicos do solo em função das doses e fontes de N e da inoculação com *Azospirillum brasilense,* além das interações entre os fatores (doses e fontes, doses e inoculação, fontes e inoculação e doses, fontes e inoculação), estão apresentados na Tabela 1.

Tabela 1 - Teste F dos teores de OM, P, K, S, Ca e Mg, porcentagem da CEC ocupada por Ca e Mg, pH, H + Al, soma de bases (BS), capacidade de troca catiônica (CEC) e saturação por bases (V) no solo após o cultivo do trigo em função de doses e fontes de N e da inoculação com *Azospirillum brasilense.* Selvma - MS, 2014.

	M.O.	P resin	K	S
	2014	2014	2014	2014
Teste F				
D	0.177^{ns}	2.298^{ns}	1.282^{ns}	0.577^{ns}
F	0.036^{ns}	0.331^{ns}	1.290^{ns}	0.298^{ns}
I	0.731^{ns}	2.231^{ns}	2.267^{ns}	0.074^{ns}
DxF	0.335^{ns}	0.538^{ns}	0.844^{ns}	0.135^{ns}
DxI	0.161^{ns}	0.422^{ns}	1.349^{ns}	1.540^{ns}
FxI	0.442^{ns}	0.000^{ns}	0.225^{ns}	0.019^{ns}
DxFxI	0.821^{ns}	0.706^{ns}	0.286^{ns}	1.228^{ns}

	Ca	Mg	Ca CTC	Mg CTC
	2014	2014	2014	2014
Teste F				
D	0.483^{ns}	0.807^{ns}	0.074^{ns}	0.399^{ns}
F	2.249^{ns}	2.716^{ns}	2.122^{ns}	6.157^{*}
I	2.808^{ns}	1.878^{ns}	1.620^{ns}	0.105^{ns}
DxF	0.568^{ns}	0.424^{ns}	0.398^{ns}	0.315^{ns}
DxI	0.277^{ns}	0.409^{ns}	0.251^{ns}	0.457^{ns}
FxI	1.059^{ns}	1.295^{ns}	0.259^{ns}	0.219^{ns}
DxFxI	0.116^{ns}	0.307^{ns}	0.562^{ns}	0.306^{ns}

	pH	H+Al	SB	CTC	V
	2014	2014	2014	2014	2014
Teste F					
D	0.061^{ns}	0.248^{ns}	0.544^{ns}	1.064^{ns}	0.098^{ns}
F	2.298^{ns}	5.255^{*}	2.240^{ns}	0.992^{ns}	4.493^{*}
I	0.464^{ns}	0.412^{ns}	2.481^{ns}	5.262^{*}	0.331^{ns}
DxF	0.448^{ns}	0.361^{ns}	0.466^{ns}	0.524^{ns}	0.340^{ns}
DxI	0.882^{ns}	0.618^{ns}	0.389^{ns}	0.214^{ns}	0.443^{ns}
FxI	0.631^{ns}	0.008^{ns}	1.205^{ns}	1.713^{ns}	0.367^{ns}
DxFxI	0.728^{ns}	1.634^{ns}	0.154^{ns}	0.924^{ns}	0.414^{ns}

**, * e ns: significativo a p<0,01, 0,01<p<0,05, e não significativo, respetivamente.

Os teores de MO, P, K, S, Ca, Mg, percentagem da CTC ocupada por Ca e Mg, pH, H + Al, BS, CEC e V% não foram influenciados pelo aumento das doses de N (Tabela 2). Ou seja, após a colheita da cultura do trigo neste sistema de plantio direto, onde foram aplicadas maiores doses de N, não foram observadas acidificação do solo e redução dos teores de MO e nutrientes.

Tabela 2 - Teores de OM, P, K, S, Ca e Mg, porcentagem da CEC ocupada por Ca e Mg, pH, H + Al, soma de bases (BS), capacidade de troca catiônica (CEC) e saturação por bases (V) no solo após o cultivo do trigo em função de doses e fontes de N e da inoculação com *Azospirillum brasilense*. Selviria - MS, 2014.

	O.M. (g dm⁻³)	P resin (mg dm⁻³)	K (mmol$_c$ dm⁻³)	S (mg dm⁻³)
Doses de N (kg ha⁻¹)	2014	2014	2014	2014
0	28.50	23.13	3.15	5.13
50	28.63	31.75	3.98	5.88
100	27.38	17.50	2.88	6.88
150	28.00	16.75	3.00	6.00
200	28.00	21.63	3.04	5.88
Fontes de N				
Ureia	28.00 a	23.60 a	3.41 a	6.15 a
Super N	28.20 a	20.70 a	3.01 a	5.75 a
D.M.S. (5%)	2.20	4.96	0.73	1.53
Inoculação				
Com *Azospirillum*	27.65 a	20.30 a	3.48 a	6.05 a
Sem *Azospirillum*	28.55 a	24.00 a	2.94 a	5.85 a
D.M.S. (5%)	2.20	4.96	0.73	1.53
Média geral	28.10	22.15	3.21	5.95
C.V. (%)	11.84	16.06#	16.73#	18.26#

	Ca (mmol$_c$ dm⁻³)	Mg (mmol$_c$ dm⁻³)	Ca CTC (%)	Mg CTC (%)
Doses de N (kg ha⁻¹)	2014	2014	2014	2014
0	31.88	23.75	33.63	24.88
50	27.38	18.88	32.50	22.38
100	28.38	20.50	33.12	24.00
150	32.13	23.63	34.00	24.63
200	28.50	20.38	33.75	24.25
Fontes de N				
Ureia	31.90 a	23.50 a	35.05 a	25.75 a
Super N	27.40 a	19.35 a	31.75 a	22.30 b
D.M.S. (5%)	5.90	4.51	4.11	2.91
Inoculação				
Com *Azospirillum*	26.90 a	19.95 a	32.15 a	23.80 a
Sem *Azospirillum*	32.40 a	22.90 a	34.65 a	24.25 a
D.M.S. (5%)	5.90	4.51	4.11	2.91
Média geral	29.65	21.43	33.40	24.03
C.V. (%)	30.06	31.77	18.60	18.30

	pH (CaCl₂)	H+Al (mmol$_c$ dm⁻³)	SB (mmol$_c$ dm⁻³)	CTC (mmol$_c$ dm⁻³)	V (%)
Doses de N (kg ha⁻¹)	2014	2014	2014	2014	2014
0	5.39	33.13	58.78	91.90	61.88
50	5.38	34.00	50.23	84.23	59.25
100	5.41	34.13	51.75	85.88	60.25
150	5.44	35.50	58.75	94.25	61.75
200	5.41	32.25	51.91	84.16	61.63
Fontes de N					
Ureia	5.49 a	31.30 b	58.81 a	90.11 a	64.45 a
Super N	5.33 a	36.30 a	49.76 a	86.06 a	57.45 b
D.M.S. (5%)	0.18	4.57	10.52	8.50	6.91
Inoculação					
Com *Azospirillum*	5.44 a	33.10 a	50.33 a	83.43 b	60.00 a
Sem *Azospirillum*	5.38 a	34.50 a	58.25 a	92.74 a	61.90 a
D.M.S. (5%)	0.18	4.57	10.52	8.50	6.91
Média geral	5.41	33.80	54.28	88.08	60.95
C.V. (%)	5.15	20.41	29.27	14.58	17.13

As médias seguidas da mesma letra na coluna não diferem entre si pelo teste Tukey a 5 %. #: dados ajustados pela seguinte equação $(x+0.5)^{0.5}$.

Em contraste, Lange et al. (2006) relataram que a fertilização azotada com ureia causou inicialmente um aumento do pH, especialmente em torno dos grânulos do fertilizante.

No entanto, após a nitrificação do amónio devido à hidrólise da ureia, o pH diminuiu para menos do que o valor original. De acordo com Costa et al. (2008), a acidificação promovida pelo uso de fertilizantes nitrogenados também pode alterar outros atributos químicos do solo, como o aumento do Al trocável e a redução da CTC efetiva e das bases trocáveis. Consequentemente, essas alterações aumentam a necessidade de calagem. No entanto, essas alterações nos atributos químicos do solo não foram observadas neste estudo, o que provavelmente se deve ao fato de ter sido consolidado um sistema de plantio direto na área experimental.

Segundo Malavolta (2006), para além da nitrificação, a absorção de catiões pelas raízes também promove a acidificação pela extrusão de H^+ das células para o solo. Além disso, segundo o autor, o tempo de cultivo pode influenciar a acidificação do solo e provavelmente se deve à lixiviação e extração de bases pelas plantas, à exsudação de ácidos orgânicos pelas raízes e à hidrólise do Al, o que, consequentemente, aumenta os teores de H + Al. Esses resultados não foram verificados neste trabalho, mas provavelmente se devem ao fato de a área experimental estar sob sistema de plantio direto e estabilizada, pois as aplicações de calcário foram feitas dois meses antes da semeadura do trigo e a adubação mineral (P e K) foi feita no plantio. O sistema de plantio direto pode minimizar os efeitos acidificantes da adubação nitrogenada por aumentar a MO do solo, o que favorece a formação de compostos anfóteros que atuam como amortecedores das variações do pH do solo e aumentam a força iônica da solução do solo pelo aumento das bases trocáveis na camada superficial (SIQUEIRA NETO et al., 2009).

Os resultados deste experimento foram semelhantes aos observados por Sarmento et al. (2008), que testaram os efeitos de doses de N (0, 150, 300 e 450 kg ha^{-1}) no capim-milênio ao longo de cinco anos de aplicação e não encontraram efeito das doses sobre o pH, OM, P, K, Ca, Mg, CEC e V% tanto no início quanto no final das amostragens do experimento. Em contrapartida, Costa et al. (2008) estudaram os efeitos de doses de N (0, 100, 200 e 300 kg ha^{-1} por ano) em gramíneas forrageiras utilizando como fontes a uréia e o sulfato de amônio e verificaram que três anos de aplicação de adubação nitrogenada aumentaram o pH e a MO do solo à medida que as doses de N aumentaram.

No geral, neste estudo, as fontes de N não influenciaram os atributos químicos do solo, exceto a porcentagem de CEC ocupada por Mg, H + Al e V% em 2014. A ureia proporcionou maior porcentagem de CEC ocupada por Mg e V% em 2014, enquanto o Super N causou maior H + Al no solo em 2014 (Tabela 2). O NBPT tende a ser menos eficiente em altas temperaturas devido ao aumento da atividade da urease, levando a uma maior dissolução dos grânulos e, consequentemente, maior evaporação da solução do solo, o que provoca o movimento do NH_3 em direção à superfície (RAWLUK et al. 2001). Com maior concentração de NH3 na superfície e alteração da formação de NH_4^+ e do processo de nitrificação, é possível que o Super N tenha acidificado mais o solo em relação à uréia na camada superficial. Esta constatação pode explicar a redução da percentagem de Mg e o aumento de H + Al. Outra explicação possível, que tem em conta os solos com pH inferior a 6,3, é que a urease catalisa a seguinte reação CO(NH$)_{22}$ + 2H$^+$ + H$_2$O $\rightarrow$ 2NH$_4$ + H$_2$CO$_3$ e a inibição desta reação preserva os iões H$^+$ na solução do solo. A diferença nos valores de H + Al entre o Super N e a ureia foi de 5,0 mmol$_c$ dm^{-3} em 2014.

Em 2014, a inoculação com *A. brasilense* influenciou a CTC do solo (Tabela 2). A CEC do solo foi alterada pela inoculação em 2014, onde os tratamentos que não foram inoculados apresentaram maior CEC em relação aos tratamentos que foram inoculados com *A. brasilense*. O BS e o H + Al são os componentes da CTC, e em 2014, ambos os atributos foram menores quando *A. brasilense* foi aplicado, embora não significativamente diferentes. No entanto, quando considerados em conjunto com a CEC, a diferença foi notada, e o BS foi mais determinante devido à maior absorção e exportação de Ca e Mg pelo trigo inoculado com *A. brasilense*. As diferenças nos valores de CEC dos tratamentos não inoculados em relação aos tratamentos inoculados foram de 9,31 mmolc dm^{-3}.

Segundo Dickmann (2015), a inoculação com *A. brasilense* promoveu um aumento no peso seco das raízes de aveia, indicando que a inoculação promoveu um maior desenvolvimento do sistema radicular, permitindo que o mesmo explorasse um maior volume de solo, e consequentemente utilizando mais nutrientes e água, o que reduziria o teor de nutrientes e aumentaria a acidez do solo. No entanto, este fenómeno não foi observado neste estudo, embora tenhamos observado que as folhas das plantas de trigo inoculadas apresentavam níveis mais elevados de alguns nutrientes, como o P (dados não apresentados). Esse achado pode ser explicado pela capacidade dessas bactérias diazotróficas de solubilizar parte do fosfato fixado nos óxidos de ferro e alumínio.

Examinando os valores dos teores de P, K, Ca, Mg e S, bem como os valores de pH e V%, registaram-se teores médios de P e S em 2014, bem como valores médios de pH e V%

(16-40 mg dm^{-3} P; 5-10 mg dm^{-3} de S; CaCh pH 5,1-5,5, 51-70% de V, de acordo com Raij et al. (1997)). Para K, Ca e Mg no solo, os teores eram elevados (valores elevados: 3,1 a 6,0, > 7, > 8 mmolc dm^{-3} de K, Ca e Mg, respetivamente, segundo Raij et al. (1997)).

Outro aspeto importante observado neste estudo foi o aumento médio do teor de MO no solo de 28,1 para 30,2 g dm^{-3} , um aumento de 2,1% do primeiro para o segundo cultivo. Esse aumento é alto, considerando que a maioria dos solos do Cerrado onde se pratica a agricultura tem baixos teores de MO e que a vegetação nativa vem sendo removida há décadas.

No sistema de plantio direto, na ausência de revolvimento do solo, a rotação de culturas e a retenção dos resíduos culturais na superfície favorecem a agregação que protege a mineralização e promove o aumento da MO (CONCEIÇÃO et al., 2005). Devido ao aumento da decomposição em altas temperaturas, a decomposição da matéria orgânica nesta pesquisa pode ter sido afetada.

Em estudo que analisou o efeito da adubação com N e S por dois anos na recuperação de pastagem *de Brachiaria brizantha* cv. Marandu em um Neossolo Quartzarênico, Oliveira et al. (2005) observaram diminuição no teor de MO do solo em função do tempo. Vale ressaltar que um sistema de pastejo com palha não pode ser comparado a um sistema de plantio direto no que diz respeito à matéria orgânica e cobertura do solo.

Pavinato e Rosolem (2008) observaram que o trigo cultivado numa área de plantio direto durante mais de 10 anos resultou num aumento do teor de MO, da mineralização e da ciclagem de nutrientes. Além disso, estes autores verificaram que havia uma acumulação de nutrientes nas camadas superficiais do solo no seu sistema de plantio direto, provavelmente devido à decomposição da matéria orgânica e à libertação de nutrientes nas camadas superiores. A MO tem a capacidade de reter nutrientes, como o potássio, o cálcio e o magnésio, e pode atuar como reservatório de azoto, fósforo, enxofre e boro, que podem estar disponíveis para as culturas durante o seu ciclo.

Conclusões

O aumento das taxas de N não influenciou os teores de OM, P, K, Ca, Mg e S, percentagem de CEC ocupada por Ca e Mg, pH, H + Al, BS, CEC e V%.

O Super N pode acidificar o solo mais do que a ureia.

A inoculação com *A. brasilense* pode reduzir o efeito da acidificação do solo em cultivos de trigo irrigado; no entanto, a extração de base foi maior, resultando em menor CEC do solo após o cultivo com inoculação.

O cultivo de trigo inoculado com *A. brasilense* não é prejudicial à fertilidade do solo, pois não reduz a saturação por bases e o teor de matéria orgânica (P, K, Ca, Mg e S).

Referências

BARBIERI, M. K. F.; ARF, O.; RODRIGUES, R. A. F.; PORTUGAL, J. R.; RODRIGUES, M.; GITTI, D. C. Nitrogênio em cobertura e inoculação de sementes com *Azospirillum brasilense* em trigo irrigado em sistema de plantio direto. In: Reunião da Comissão Brasileira de Pesquisa de Trigo e Triticale, 6, Londrina - PR. Anais... IAPAR, 2012 p.1-5 (CD ROM).

BARROS NETO, C. R. de. Efeito do nitrogênio e da inoculação de sementes com *Azospirillum brasilense* no rendimento de grãos de milho. 2008. 29 f. Trabalho de Conclusão de Curso (Graduação em Agronomia) - Universidade Estadual de Ponta Grossa - UEPG, Ponta Grossa, PR, 2008.

BARTH, G.; VITTI, G. C.; CANTARELLA, H.; VITTI, A. C. Volatilização de N-NH3 quanto às fontes e doses de nitrogénio aplicadas sobre a palhada de cana-de-açúcar. In: Fertbio 2006, 2006, Bonito. Anais... Viçosa: Sociedade Brasileira de Ciência do Solo, 2006.1 CD-ROM. 4p.

BASHAN, Y.; HOLGUIN, G; DE-BASHAN, L. E. *Azospirillum-plant* relations physiological, molecular, agricultural, and environmental advances (19972003). Canadian Journal of Microbiology, Ottawa, v. 50, n. 8, p. 521-577, 2004.

BREDEMEIER, C.; MUNDSTOCK, C. M. Regulação da absorção e assimilação do nitrogénio nas plantas. Ciência Rural, Santa Maria, v. 30, n. 2, p. 365-372, 2000.

BULL, L. T. Nutrição mineral do milho. In: BULL, L. T.; CANTARELLA, H. (Ed.).

Cultura do milho: fatores que afetam a produtividade. Piracicaba: Associação Brasileira para Pesquisa da Potassa e do Fosfato, 1993. p. 63-145.

CAIRES, E. F.; MILLA, R. Adubação nitrogenada em cobertura para o cultivo de milho com alto potencial produtivo em sistema de plantio direto de longa duração. Bragantia, Campinas, v. 75, n. 1, p. 87-95, 2016.

CÁNOVAS, A. D.; SILVA, O. F. Aspectos econômicos da cultura do trigo em Goiás. Safra: Revista do Agronegócio, Goiânia, v.1, n. 2, p. 22-24, 2000.

CANTARELLA, H. Calagem e adubação do milho. In: BÚLL, L.T.; CANTARELLA, H., orgs. Cultura do milho: Fatores que afetam a produtividade. Piracicaba, Potafos, 1993, p. 147-169.

CANTARELLA, H. Nitrogénio. In: NOVAIS, R. F. et al. (Ed.). Fertilidade do solo. Viçosa: SBCS, 2007. p. 375-470.

CANTARELLA, H., TRIVELIN, P. O.; CONTIN, T. L. M.; DIAS, F. L. F.; ROSSETTO, R.; MARCELINO, R.; COIMBRA, R. B.; QUAGGIO, J. A. Volatilização de amônia de uréia tratada com inibidor de urease aplicada em biomantas de palha de cana-de-açúcar. *Scientia Agricola,,* v. 65, n. 4, p. 397-401, 2008. Disponível em: < http://www.scielo.br/scielo.php?script=sci_arttext&pid=S0103-90162008000400011> Acesso em: 13 jan. 2016.

CANTARELLA, H.; MARCELINO, R. Fontes alternativas de nitrogénio para a cultura do milho. In: FANCELLI, A. L. (ed.). Milho: nutrição e adubação. Piracicaba: FEALQ, 2008, p. 36-55.

CANTARELLA, H.; MARCELINO, R. O uso do inibidor de urease para aumentar a eficiência da ureia. In: Simpósio sobre informações recentes para otimização da produção agrícola, 1, 2006, Piracicaba. Anais... Piracicaba: IPNI, 2006. 19 p. Disponível em: <http ://www.ipni.net/ppiweb/pbrazil. nsf/$webcontentsbydate?OpenV iew&Star t=1&Count=60&Expand=19#19>. Acesso em: 20 nov. 2013.

CANTARELLA, H.; RAIJ, B. van; CAMARGO, C. E. O. Cereais. In: RAIJ, B. van; CANTARELLA, H.; QUAGGIO, J. A.; FURLANI, A. M. C. *Recomendações de calagem e adubação para o Estado de São Paulo.* 2. ed. Campinas: IAC, 1997. p. 285. (Boletim técnico, 100).

CANTARELLA, H.; TRIVELIN, P. C. O.; CONTIN, T. L. M.; DIAS, F. L. F.; ROSSETTO, R.; MARCELINO, R.; COIMBRA, R. B.; QUAGGIO, J. A. Volatilização de amônia de uréia tratada com inibidor de urease aplicada em biomantas de palha de cana-de-açúcar. Scientia Agricola, Piracicaba, v. 65, n. 4, p. 397-401, 2008.

CASSÁN, F.; SGROY, V.; PERRIG, D.; MASCIARELLI, O.; LUNA, V. Produção de fitohormonas por *Azospirillum* sp. Aspectos fisiológicos e tecnológicos da promoção do crescimento vegetal. In: CASSÁN, F. D.; GARCIA DE SALAMONE, I. (Ed.) *Azospirillum* sp.: fisiologia celular, interacções vegetais e investigação agronómica na Argentina. Argentina: Asociación Argentina de Microbiologia, 2008, p.61-86.

CAVALLET, L. H.; PESSOA, A. C. dos S.; HELMICH, J. J.; HELMICH, P. R.; OST, C. F. Produtividade do milho em resposta à aplicação de nitrogênio e inoculação das sementes com *Azospirillum* spp. Revista Brasileira de

Engenharia Agrícola e Ambiental, Campina Grande, v. 4, n. 1, p. 129-132, 2000.

CHENG, N. C.; NOVAKOWISKI, J. H.; SANDINI, I.; DOMINGUES, L. Substituição da adubação nitrogenada de base pela inoculação com *Azospirillum brasilense* na cultura do milho. In: Seminário Nacional de Milho Safrinha, 11. Anais... Lucas do Rio Verde: Fundação Rio Verde, 2011, p. 377382.

CIVARDI, E.A.; SILVEIRA NETO, A.N.; RAGAGNIN, V.A.; GODOY, E.R.; BROD, E. Ureia de liberação lenta aplicada superficialmente e ureia comum incorporada ao solo no rendimento do milho. Pesquisa Agropecuária Tropical, Goiânia, v.41, n.1, p.52-59, 2011.

COELHO, A. M.; FRANÇA, G. E. de; BAHIA FILHO, A. F. C. Nutrição e adubação do milho forrageiro. In: EMBRAPA. Centro Nacional de Pesquisa de Milho e Sorgo. Milho para silagem: tecnologias, sistemas e custo de produção. Sete Lagoas, 1991, p.29-73. (EMBRAPA-CNPMS. Circular Técnica, 14).

COMPANHIA NACIONAL DE ABASTECIMENTO- CONAB. *Avaliação da safra agrícola 2015/2016:* primeiro levantamento - outubro/2015. Brasília: CONAB, 2015. Disponível em :< http://www.conab.gov.br/OlalaCMS/uploads/arquivos/ 15_10_09_17_45_57_b oletim_graos_outubro_2015_novo.pdf> Acesso em: 12 out. 2015.

CONCEIÇÃO, P. C.; AMADO, T. J.; MIELNICZUK, J.; SPAGNOLLO, E. Qualidade do solo em sistemas de manejo avaliada pela dinâmica da matéria orgânica e atributos relacionados. *Revista Brasileira de Ciência do Solo*, v. 9, n. 5, p. 777-788,2005. Disponível em :< http://www.scielo.br/scielo.php?script=sci_arttext&pid=S0100-06832005000500013> Acesso em: 22 out. 2015.

CORREA, O. S.; ROMERO, A. M.; SORIA, M. A.; DE ESTRADA, M. *Azospirillum brasilense-plant* genotype interactions modify tomato response to bacterial diseases, and root and foliar microbial communities. In: CASSÁN, F. D.; GARCIA DE SALAMONE, I. (Ed.) *Azospirillum* ssp.: fisiologia celular, interações com plantas e pesquisa agronômica na Argentina. Argentina: Asociación Argentina de Microbiologia, p. 87-95, 2008.

COSTA, K. A. P.; FAQUIN, V.; OLIVEIRA, I. P.; RODRIGUES, C.; SEVERIANO, E. C. Doses e fontes de nitrogénio em pastagem de capim-marandu. I - alterações nas características químicas do solo. *Revista Brasileira de Ciência do Solo,N.*   32, n. 4, p. 1591-1599,   2008. Disponível em: < http://www.scielo.br/scielo.php?script=sci_arttext&pid=S0100-06832008000400024 > Acesso em: 22 out. 2015.

DAVISON, J. Plant beneficial bacteria. Nature Biotechnology, Londres, v. 6, n. 3, p. 282-286, 1988.

DE BONA, F. D.; MORI, C. M.; WIETHOLTER, S. Manejo nutricional da cultura do trigo. Informações Agronômicas, Piracicaba, n.154, p. 1-16, 2016.

DICKMANN, L. *Manejo da adubação fosfatada da aveia preta e do consórcio milho/capim marandu com inoculação por Azospirillum brasilense em sistema plantio direto.* 2015. Dissertação (Mestrado em Agronomia) Universidade

Estadual Paulista "Julio de Mesquita Filho", Ilha Solteira.

DOBBELAERE, S.; VANDERLEYDEN, J.; OKON, Y. Efeitos de diazotrofos na rizosfera que promovem o crescimento das plantas. Critical Reviews in Plant Sciences, Amsterdan, v. 22, n. 2, p. 107- 149, 2003.

DURIEX, R. P.; KAMPRATH, E. J.; MOOL, R. H. Contribuição da produtividade das espigas apicais e subapicais em milho prolífico e não prolífico. Agronomy Journal, Madison, v. 85, n. 3, p. 606-610, 1993.

EDMEADES, D. C. Inibidores da nitrificação e da urease. Environment Bay of Plant. Nova Zelândia, 2004. 32p.

EMPRESA BRASILEIRA DE PESQUISA AGROPECUÁRIA - EMBRAPA. Centro Nacional de Pesquisa de Solos. *Sistema brasileiro de classificação de solos.* 3.ed. Brasília: EMBRAPA, 2013. 353 p.

FALEIROS, R. R. S.; SEEBAUER, J. R.; BELOW, F. E. Alterações induzidas nutricionalmente no endosperma de grãos de milho shrunken-1 e brittle-2 cultivados in vitro. Crop Science, Madison, v. 36, n. 4, p. 947-954, 1996.

FANCELLI, A. L. Boas práticas para o uso eficiente de fertilizantes na cultura do milho. Piracicaba: IPNI - Instituto Internacional de Nutrição de Plantas Brasil, 2010, 16p. (IPNI. Informações Agronómicas, 131).

FERREIRA, D. F. Sisvar: um sistema computacional de análise estatística. *Ciência e Agrotecnologia,* v. 35, n. 6, p. 1039-1042, 2011. Disponível em: < http://www.scielo.br/scielo.php?pid=S1413-70542011000600001&script=sci_arttext > Acesso em: 22 out. 2015.

FRANK, A. B.; BAUER, A. Temperature, nitrogen and carbon dioxide effects on spring wheat development and spikelet numbers. Crop Science, Madison, v. 36, n. 3, p. 659-665, 1996.

FRIZZONE, J. A.; MELLO JÚNIOR, A. V.; FOLEGATTI, M. V.; BOTREL, T. A. Efeito de diferentes níveis de irrigação e adubação nitrogenada sobre componentes de produtividade da cultura do trigo. Pesquisa Agropecuária Brasileira, Brasília, v. 31, n. 6, p. 425-434, 1996.

GALINDO, F. S. Desempenho Agronômico do milho e do trigo em função da inoculação com *Azospirillum brasilense* e doses e fontes de nitrogênio. 2015. 150 f. Dissertação de mestrado (Agronomia - Sistemas de produção) - Universidade Estadual Paulista "Júlio e Mesquita Filho" - UNESP, Ilha Solteira, SP, 2015.

GALINDO, F. S.; TEIXEIRA FILHO, M. C. M.; BUZETTI, S.; SANTINI, J. M. K.; ALVES, C. J.; NOGUEIRA, L. M.; LUDKIEWICZ, M. G. Z.; ANDREOTTI, M.; BELLOTTE, J. L. M. Rendimento de milho e diagnose foliar afetados pela adubação nitrogenada e inoculação com *Azospirillum brasilense*. *Revista Brasileira de Ciência do Solo,v*.40, e0150364.2016. Disponível em: <http://www.scielo.br/scielo.php?script=sci_abstract&pid=SO 100-06832016000100526&lng=pt&nrm=iso&tlng=en > Acesso em: 08 ago. 2016.

GIOACCHINI, P.; GIOVANNINI, C.; MARZADORI, C.; ANTISARI, L. V.; SIMONI, A.; GESSA, C. Efeito da triamida N-(n-butil) thisphosporic adicionada à turfa e ao couro em fertilizantes à base de ureia na hidrólise da ureia e na volatilização do amoníaco. Communications in Soil Science and Plant Analysis, New York, v. 31, n. 19-20, p. 3177-3191, 2000.

GIOACCHINI, P.; NASTRI, A.; MARZADORI, C.; GIOVANNINI, C.; ANTISARI, L. V.; GESSA, C. Influência de inibidores de urease e nitrificação nas perdas de N de solos fertilizados com ureia. Biology and Fertility of Soils, Berlin, v. 36, n. 2, p. 129-135, 2002.

HALL, P. G.; KRIEG N. R. Aplicação da técnica de coloração indireta por imunoperoxidase aos flagelos de *Azospirillum brasiliense*. Applied and Environmental Microbiology, Washington, v. 47, n. 2, p. 433-435, 1984.

HOFFMANN, L. V. Biologia molecular da fixação biológica do nitrogénio. In: SILVEIRA, A. P. D.; FREITAS, S. S. Microbiota do solo e qualidade ambiental. Campinas. Instituto Agronómico, cap. 9, p. 153-164, 2007.

HUERGO, L. F.; MONTEIRO, R. A.; BONATTO, A. C.; RIGO, L. U.; STEFFENS, M .B. R.; CRUZ, L. M.; CHUBATSU, L. S.; SOUZA, E. M.; PEDROSA, F. O. Regulação da fixação de nitrogênio em *Azospirillum brasilense*.In: CASSÁN, F. D.; GARCIA DE SALAMONE, I. *Azospirillum* sp.: fisiologia celular, interações com plantas e pesquisa agronômica na Argentina. Asociación Argentina de Microbiologia, Argentina, 2008, p. 17-35.

HUNGRIA, M. Inoculação com *Azospirillum brasilense*: inovação em rendimento a baixo custo. Londrina: EMBRAPA SOJA, 2011. 37p. (EMBRAPA SOJA. Documentos, 325).

HUNGRIA, M.; CAMPO, R. J.; SOUZA, E. M. S.; PEDROSA, F. O. Inoculação com estirpes selecionadas de *Azospirillum brasilense* e *A. lipoferum* melhora a produtividade de milho e trigo no Brasil. Plant and Soil, Dordrecht, v. 331, n.1/2, p. 413-425, 2010.

KAPPES, C.; ARF, O.; ARF, M. V.; FERREIRA, J. P.; DAL BEM, E. A.; PORTUGAL, J. R.; VILELA, R. G. Inoculação de sementes com bactéria diazotrófica e aplicação de nitrogênio em cobertura e foliar em milho. Semina: Ciências Agrárias, Londrina, v. 34, n. 2, p. 527-538, 2013b.

KLOEPPER, J. W.; LIFSHITZ, R.; ZABLOTOWICZ, R. M. Free-living bacterial inocula for enhancing crop productivity. Trends in Biotechnology, Amesterdão, v. 7, n. 2, p. 39-43, 1989.

LANGE, A.; CARVALHO. J. L. N.; DAMIN, V.; CRUZ, J. C.; MARQUES, J. J. Alterações em atributos do solo decorrentes da aplicação de nitrogénio e palha em sistema semeadura direta na cultura do milho. *Ciência Rural,* v. 36, n. 2, p. 460-467, 2006. Disponível em: < http://www.scielo.br/scielo.php?pid=S0103-84782006000200016&script=sci_arttext> Acesso em: 22 out. 2015.

MALAVOLTA, E. *Manual de nutrição de plantas.* São Paulo : Ceres, 2006. 638p.

MARSCHNER, P. Marschner's mineral nutrition of higher plants. 3. ed. Nova Iorque: Academic Press, 2012. 651 p.

NEHL, D. B.; ALLEM, S. J.; BROWN, J. F. Deleterious rhizosfere bacteria: an integrating perspective. Applied Soil Ecology, Amsterdão, v. 5, n. 1, p. 1-20, 1996.

OKON, Y.; VANDERLEYDEN, J. Espécies *de Azospirillum* associadas a raízes podem estimular plantas. Applied and Environment Microbiology, Washington, v. 6, n. 7, p. 366-370, 1997.

OKUMURA, R. S.; MARIANO, D. C. de. Aspectos agronômicos da ureia tratada com inibidor de uréase. Ambiência, Guarapuava, v. 8, n. 2, p. 403-414, 2012.

OLIVEIRA, P. P. A.; TRIVALIN, P. C. O.; OLIVEIRA, W. S.; CORSI, M.
Fertilização com nitrogênio e enxofre na recuperação de pastagem de
Brachiaria brizantha cv. Marandu em Neossolo quartzarênico. *Revista
Brasileira de Zootecnia,* v. 34, n. 4, p. 1121-1129, 2005. Disponível em: <
http://www.scielo.br/scielo.php?pid=S1516-
35982005000400005&script=sci_arttext > Acesso em: 22 out. 2015.

PAVINATO, P.S.; ROSOLEM, C.A. Disponibilidade de nutrientes no solo:
decomposição e liberação de compostos orgânicos de resíduos vegetais.
Revista Brasileira de Ciência do Solo, v. 32, n. 3, p. 911-920, 2008. Disponível
em   :<   http://www.scielo.br/scielo.php?pid=S0100-
06832008000300001&script=sci_arttext > Acesso em: 22 out. 2015.

PERRIG, D.; BOIERO, L.; MASCIARELLI, O.; PENNA, C.; CASSÁN, F.; LUNA,
V. Compostos promotores de crescimento vegetal produzidos por duas estirpes
agronomicamente importantes de *Azospirillum brasilense*, e suas implicações
para a formulação de inoculantes. Applied Microbiology and Biotechnology,
Berlin, v. 75, n. 5, p. 1143-1150, 2007.

PORTUGAL, J. R.; ARF, O.; PERES, A. R.; FRANCO, A. A.; GITTI, D. C.
Inoculação via foliar com *Azospirillum brasilense* associada a doses de
nitrogênio em cobertura na cultura do milho safrinha. In: Seminário Nacional
Milho Safrinha, 12, 2013, Dourados, Anais... Dourados, 2013. CD-ROM.

QUADROS, P. D. Inoculação de *Azospirillum* spp. em sementes de genótipos de
milho cultivados no Rio Grande do Sul. 2009. 74 f. Dissertação (Mestrado em
Ciência do Solo) - Universidade Federal do Rio Grande do Sul, Porto Alegre,

2009.

QUEIROZ, A.M.; SOUZA, C.H.E.; MACHADO, V.J.; LANA, R.M.Q.; KORNDORFER, G.H.; SILVA, A. A. Avaliação de diferentes fontes e doses de nitrogênio na adubação da cultura do milho (*Zea mays* L.). Revista Brasileira de Milho e Sorgo, v.10, n.3, p.257-266, 2011.

RAIJ, B. V.; CANTARELLA, H.; QUAGGIO, J. A.; FURLANI, A. M. C. *Recomendações de adubação e calagem para o Estado de São Paulo*. 2.ed. Campinas: IAC, 1997. 285p. (Boletim técnico, 100).

RAIJ, B. van; ANDRADE, J. C.; CANTARELLA, H.; QUAGGIO, J. A. *Análise química para avaliação da fertilidade de solos tropicais*. Campinas: IAC, 2001. 285p.

RAWLUK, C. D. L.; GRANT, C. A.; RACZ, G. J. Volatilização de amónia de solos fertilizados com ureia e taxas variáveis de inibidor de urease NBPT. Canadian Journal of Soil Science, Ottawa, v. 81, n. 2, p. 239-246, 2001.

RITCHIE, S. W.; HANWAY, J. J.; BENSON, G. O. Como a planta de milho se desenvolve. Informações Agronômicas, Piracicaba, n. 103, p. 1-20, 2003.

RODRIGUES, M.; ARF, O.; BARBIERI, M. K. F.; PORTUGAL, J. R.; RODRIGUES, R. A. F. Inoculação com *Azospirillum brasilense* e aplicação de regulador vegetal em trigo irrigado no cerrado. In: Reunião da Comissão Brasileira de Pesquisa de Trigo e Triticale, 6, Londrina - PR. Anais... IAPAR, 2012 p. 1-5 (CD ROM).

RODRIGUEZ, H.; GONZALEZ, T.; GOIRE, I.; BASHAN, Y. Produção de ácido glucónico e solubilização de fosfato pela bactéria promotora do crescimento de plantas *Azospirillum* spp. Naturwissenschaften, Berlin, v. 91, n. 11, p. 552555, 2004.

SANDINI, I.; NOVAKOWISKI, H. J. Uso de inoculantes em milho safrinha. In: XI Seminário Nacional de Milho Safrinha. Anais... Lucas do Rio Verde: Anais do XI Seminário Nacional de Milho Safrinha, Fundação Rio Verde, 2011, p. 67 - 81.

SARMENTO, P.; RODRIGUES, L. R. A.; CRUZ, M. C. P.; LUGÃO, S. M. B.; CAMPOS, F. P.; CENTURION, J. F.; FERREIRA, M. E. Atributos químicos e físicos de um argissolo cultivado com *Panicum maximum* jacq. cv. ipr-86 milênio, sob lotação rotacionada e adubado com nitrogênio. *Revista Brasileira de Ciência do Solo,* v. 32, n. 1, p. 183-193, 2008. Disponível em: < http://www.scielo.br/scielo.php?script=sci_arttext&pid=S0100-06832008000100018 > Acesso em: 22 out. 2015.

SCIVITTARO, W. B.; GONÇALVES, D. R. N.; VALE, M. L. C.; RICORDI, V. G.Perdas de nitrogênio por volatilização de amônia e resposta do arroz de terras baixas à uréia tratada com inibidor de uréase NBPT. Ciência Rural, Santa Maria, v.40, n.6, p.1283-1289, 2010.

SILVA, A. A.; SILVA, T. S.; VASCONCELOS, A. C. P.; LANA, R. M. Q. Aplicação de diferentes fontes de ureia de liberação gradual na cultura do milho. Revista de Biociências, Uberlândia, v. 28, sup. 1, p. 104-111, 2012.

SILVA, D. B.; GUERRA, A. F.; REIN, T. A.; ANJOS, J. R.; ALVES, R. T.; RODRIGUES, G. C.; SILVA, I. A. C. Trigo para o abastecimento familiar, do plantio à mesa. Brasília: Embrapa - SPI; Planaltina: Embrapa - CPAC, 1996.

176p.

SIQUEIRA NETO, M.; PICCOLO, M. C.; SCOPEL, E.; COSTA JUNIOR, C.; CERRI, C. C.; BERNOUX, M. Carbono total e atributos químicos com diferentes usos do solo no Cerrado *Ata Scientiarum. Agronomy,* v. 31, n. 4, p. 709-717, 2009. Disponível em:< http://periodicos.uem.br/ojs/index.php/ActaSciAgron/article/view/792> Acesso em: 22 out. 2015.

SOUZA, A. C.; CARVALHO, J. G.; VON PINHO, R.G.; CARVALHO, M. L. M. Parcelamento e época de aplicação de nitrogênio e seus efeitos em características agronômicas do milho. Ciência e Agrotecnologia, Lavras, v. 25, n. 2, p. 321-329, 2001.

SOUZA, D. M. G.; LOBATO, E. Adubação com nitrogénio. In: SOUZA, D. M. G.; LOBATO, E.(Eds.). Cerrado: correção do solo e adubação. 2 ed., Brasília: Embrapa Informação Tecnológica, 2004, p. 129-145. Tecnológica, 2004, p. 129-145.

TAIZ, L.; ZEIGER, E. Nutrição Mineral. In: TAIZ, L.; ZEIGER, E. Fisiologia vegetal. 3 ed. Porto Alegre: Artmed, 2004., p. 96-101.

TEIXEIRA FILHO, M. C. M. BUZETTI, S; ANDREOTTI, M; BENETT, C. G. S; ARF, O.; SÁ, M. E. Adubação nitrogenada do trigo sob plantio direto no Cerrado brasileiro de baixa altitude, *Journal of Plant Nutrition,* v. 37, n. 11, p. 17321748, 2014.

TEIXEIRA FILHO, M. C. M.; BUZETTI, S.; ALVAREZ, R. C. F.; FREITAS, J. G.; ARF, O.; SÁ, M. E. Resposta de cultivares de trigo irrigado por aspersão ao nitrogênio em cobertura na região do Cerrado. Ata Scientiarum. Agronomia, Maringá, v. 29, n. 3, p. 421-425, 2007.

TEIXEIRA FILHO, M. C. M.; BUZETTI, S.; ANDREOTTI, M.; ARF, O.; SÁ, M, E de. Épocas de aplicação, fontes e doses de nitrogênio em cultivares de trigo sob plantio direto na região do Cerrado. *Ciência Rural,* v. 41, n. 8, p. 1375-1382, 2011. Disponível em: <http://www.scielo.br/scielo.php?script=sci_arttext&pid=S0103-84782011000800013&lng=en&nrm=iso>. Acesso em: 23 out. 2015.

TIEN, T. M.; GASKINS, M. H.; HUBBELL, D. H. Substâncias de crescimento vegetal produzidas por *Azospirillum brasilense* e seu efeito no crescimento de milheto *(Pennisetum americanum* L.). *Applied and Environmental Microbiology,* v. 37, n. 5, p. 1016-1024, 1979.

VITTI, G. C.; BARROS JÚNIOR, M. C. Diagnóstico da fertilidade do solo e adubação para alta produtividade de milho. In: FANCELLI, A. L.; DOURADO NETO, D. Milho: tecnologia e produtividade. Piracicaba: ESALQ/LPV, 2001, p. 179-222.

WATSON, C. J. Atividade e inibição da urease - Princípios e prática. Reunião da Sociedade Internacional de Fertilizantes, 28/11/2000. Londres, The International Fertilizer Society. Actas, n. 454. 39p. 2000.

ZAGONEL, J.; VENANCIO, W. S.; KUNZ, R. P.; TANAMATI, H. Doses de nitrogênio e densidades de plantas com e sem um regulador de crescimento afetando o trigo, cultivar OR-1. Ciência Rural, Santa Maria, v. 32, n. 1, p. 2529, 2002.

Printed by Books on Demand GmbH, Norderstedt / Germany